BEI GRIN MACHT SICH IHR WISSEN BEZAHLT

- Wir veröffentlichen Ihre Hausarbeit, Bachelor- und Masterarbeit

- Ihr eigenes eBook und Buch - weltweit in allen wichtigen Shops

- Verdienen Sie an jedem Verkauf

Jetzt bei www.GRIN.com hochladen und kostenlos publizieren

Bibliografische Information der Deutschen Nationalbibliothek:

Die Deutsche Bibliothek verzeichnet diese Publikation in der Deutschen Nationalbibliografie; detaillierte bibliografische Daten sind im Internet über http://dnb.d-nb.de/ abrufbar.

Dieses Werk sowie alle darin enthaltenen einzelnen Beiträge und Abbildungen sind urheberrechtlich geschützt. Jede Verwertung, die nicht ausdrücklich vom Urheberrechtsschutz zugelassen ist, bedarf der vorherigen Zustimmung des Verlages. Das gilt insbesondere für Vervielfältigungen, Bearbeitungen, Übersetzungen, Mikroverfilmungen, Auswertungen durch Datenbanken und für die Einspeicherung und Verarbeitung in elektronische Systeme. Alle Rechte, auch die des auszugsweisen Nachdrucks, der fotomechanischen Wiedergabe (einschließlich Mikrokopie) sowie der Auswertung durch Datenbanken oder ähnliche Einrichtungen, vorbehalten.

Impressum:

Copyright © 2018 GRIN Verlag
Druck und Bindung: Books on Demand GmbH, Norderstedt Germany
ISBN: 9783668655324

Dieses Buch bei GRIN:

https://www.grin.com/document/415905

Michael Dienst

Rotationssegelapparat mit drei Tragflügeln in Boxwing-Konfiguration (Y-Type)

Transactions in Suffering Innovations T10 SI526

GRIN Verlag

GRIN - Your knowledge has value

Der GRIN Verlag publiziert seit 1998 wissenschaftliche Arbeiten von Studenten, Hochschullehrern und anderen Akademikern als eBook und gedrucktes Buch. Die Verlagswebsite www.grin.com ist die ideale Plattform zur Veröffentlichung von Hausarbeiten, Abschlussarbeiten, wissenschaftlichen Aufsätzen, Dissertationen und Fachbüchern.

Besuchen Sie uns im Internet:

http://www.grin.com/

http://www.facebook.com/grincom

http://www.twitter.com/grin_com

„Transactions in suffering Innovations"

Ideen verbrennen im Park

Der Wedding ist heute wunderschön
und ich fühl` mich seltsam stark.
Was hält mich da noch im Labor?
Wir gehen zum Led Zeppelin,
der gefällt mir mehr als je zuvor,
bei ungefähr tausend Kelvin.
Komm, lass uns Patente verbrennen im Park.

Mi. Berlin 2016

Den Ausführungen sei ein Traktat vorangestellt. Die Textbeiträge zum Stand der Technik und den „Transactions in Suffering Innovations" besitzen ein dynamisches Format und sind, beginnend im November 2016, in folgender Weise geordnet und überschrieben:

Titel:	Artefakt
Untertitel:	Transactions in Suffering Innovations T[NUMMER]SI[Mi-KENNUNG]
Datum:	Freigabe
Prolog	[Kontext]
Kerntext	[Technische Beschreibung]
Epilog	[Hintergründe und Dialoge]

Traktat

über die Beiträge zum Stand der Technik und zu den „Transactions in Suffering Innovations"

Die „Transactions in Suffering Innovations" bilden eine Sammlung von Schriften über Artefakte im Themenfeld Biologie & Technik, die in loser Reihenfolge erscheint. Es besteht durchaus die Absicht, den Stand der Technik zu verändern.

Gegenstand der Beiträge zu den Schriften der „Transactions in Suffering Innovations" sind Artefakte, Problemlösungen, Gestaltungsfragen und die kritische Auseinandersetzung mit Themen der Bionik, also Technik nach Vorbildern aus der belebten und unbelebten Natur und ihre Umsetzung. In ausgesuchten Fällen sind Technische Beschreibungen nach Standards des Deutschen Patent und Markenrechts[1] verfasst.

Mit den „Transactions in Suffering Innovations" soll der Fortschritt auf dem Gebiet der angewandten Bionik dadurch gefördert werden, dass die dargestellten notleidenden Artefakte, Problem- und Gestaltungslösungen frei von Rechten Dritter sind und mit ausdrücklicher Genehmigung dem Leser zur Nutzung verfügbar werden.

In den „Transactions in Suffering Innovations" werden ausschließlich Artefakte offeriert, die nicht unter das Arbeitnehmererfindungsgesetzes ArbErfG[2] fallen oder in der Vergangenheit fielen.

Die in den „Transactions in Suffering Innovations" dargestellten Artefakte sind insofern notleidend, da sie einerseits aus materieller Not nicht weiterverfolgt werden, ein Umstand der sich vielleicht wieder ändern mag. Andererseits sind die dargestellten Artefakte notleidend, weil sie möglichweise auftretender oder voranschreitenden geistigen Umnachtung zum Opfer zu fallen drohen; ein Umstand der sich wohl nicht mehr ändern wird.

Als Übergeordneter Absicht gilt es solche Forschung anzustoßen, die Lösungswege der Übertragung biologischer Phänomene untersucht und Fragestellungen betrifft, die im Zusammenhang stehen mit Natur und Technik.

Die Beiträge zum Stand der Technik und den „Transactions in Suffering Innovations" sind in deutscher Sprache verfasst. Dem Text wird gegebenenfalls eine teilweise oder vollständige Übersetzung in englischer Sprache beigestellt. In einer Ausgabe der Schriftensammlung wird jeweils nur ein Werk platziert. Den Ausführungen wird gegebenenfalls ein Prolog vor und ein Epilog nachgestellt.

Mi. Dienst

---

[1] https://www.dpma.de/patent/anmeldung/index.html
[2] Am 7. Februar 2002 trat die Novellierung des Arbeitnehmererfindungsgesetzes ArbErfG in Kraft.

Titel: Rotationssegelapparat mit drei Tragflügeln in Boxwing-Konfiguration

Untertitel: Transactions in Suffering Innovations T10 SI526
06. März 2018

Rotationssegelapparat mit drei Tragflügeln in Boxwing-Konfiguration

Technische Beschreibung

Die Erfindung betrifft einen Rotationssegelapparat in der Art eines Bumerangs. Betriebs- und Flugweise des Rotationssegelapparats entsprechen denen eines traditionellen Bumerangs. Die Erfindung betrifft ferner eine Tragflügelanordnung in Box-Wing-Konfiguration, nach-folgend Box-Wing benannt. Als Boxwing (englisch: box wing oder box-wing bzw. joint wing) wird eine besondere Tragflächenanordnung nach Stand der Technik, insbesondere für Flugzeuge bezeichnet.

Stand der Technik und Entgegenhaltungen

Der Bumerang ist eine traditionelle Wurfwaffe. Rotationssegelapparate wie Bumerangs sind Freiflieger. Der Ursprung des Bumerangs ist bislang keiner indigenen Kultur explizit zuordenbar. In Nordafrika ist der Gebrauch des Wurfholzes seit dem Neolithikum (ab ca. 6000 v.Chr.) nachgewiesen. In der Neuzeit wird der Bumerang vor allem als Sportgerät genutzt. Bumerangs können aus Holz, Knochen, Metall oder Kunststoffen gefertigt sein. Während Sportbumerangs bei korrektem Wurf zum Werfer zurückkehren, war dies beim traditionellen australischen Wurfholz (Kylie) dagegen nicht zwingend der Fall. Der Vorteil des Kylie besteht darin, dass er weiter, geradliniger und damit auch zielsicherer fliegt als ein rückkehrender Bumerang.

Für das Freifluggebaren eines Bumerangs gibt es derzeit noch kein befriedigendes physikalisches Modell. Gleichzeitig existiert eine enorme Vielfalt funktionstauglicher gestalterischer Lösungen. Abhängig von dem Gewicht, der Massenverteilung und dem aerodynamischen Auftrieb der Rotationstragflächen kommt dem lokalen und dem Gesamt-Drehimpulsgeschehen der entscheidende Einfluss auf die Flugbahn jedes Rotationssegel-apparates zu. Letztendlich trägt die Wurftechnik Anteil am aerodynamischen Geschehen.

In Sicherheitsbereichen (Polizei, Militär) sind Observationskameras Stand der Technik. Rotierende oder extrem beschleunigte Bildaufzeichnungsgeräte stellen hierbei kein technisches Problem dar, sondern sind vielmehr Grundlage räumlicher Darstellungen der observierten Szenerie. Die Komplexität der Auswertung des Bildmaterials wird über Software vom Stand der Technik geleistet. Die Auswertung der Bilddaten erfolgt während des Fluges per Funk oder nach der Landung.

Unter der Veröffentlichungsnummer US906206 A wurde den Amerikanern Clarence L. und Erwin M Dawes 1908 ein Patent über einen Bumerang erteilt.

Stand der Technik. Tragflächen in Mehrdeckerkonfiguration.

Strömungsmechanische Berechnungen und theoretische Überlegungen legen nahe, dass Arbeitstragflügel in Mehrdecker-Tragflächenkonfiguration mit gleicher Fläche und spezi-fischer Tragflächenbelastung einer entsprechenden Eindeckerkonfiguration auf betrags-mäßig gleiche Auftriebs- und Widerstandskräfte führen, sofern nicht die durch das Auftriebsgebaren der induzierten Widerstände betrachtet werden. Hier sind die Schlankheitsgrade der Teiltragflächen und die Profiltiefe von großem Einfluss und können glückliche Konfigurationen oder ungünstige Verhältnisse annehmen. Immer jedoch bedeuten sie ein mehr oder ein etwas weniger an Verzehr der in das Tragflächensystem eingespeisten Antriebsleistung je nachdem, wie der Mehrdeckertragflügel konfiguriert ist. Die Kontrolle der durch das Auftriebsgebaren einer (oder mehrerer) Kraft- und Arbeitstragflächen induzierten Verluste ist Gegenstand rezenter Forschung.

Stand der Wissenschaft. Tragflügeln in Boxwing-Konfiguration
Als Boxwing (englisch: box wing oder box-wing bzw. joint wing) wird eine besondere Tragflächenanordnung nach Stand der Technik insbesondere für Flugzeuge bezeichnet. Flug-zeugtragflächen nach Stand der Technik in Boxwing-Konfiguration wird stabiles Flugverhal-ten zugesprochen. Durch die Kompaktheit der Boxwing-Bauweise für Flugzeugtragflächen nach Stand der Technik ist die mechanische Festigkeit hoch.
Louis Blériot konstruierte 1906 einen Doppeldecker mit Tragflügeln in einer boxwing-artigen Konfiguration. Die ersten aerodynamischen Berechnungen zur Boxwing-Konfiguration wurden 1924 von Ludwig Prandtl veröffentlicht. Die erste Anwendung des Boxwing-Konzepts in der heute angewendeten Form geht auf Alexander Lippisch zurück, der Anfang der 1930er einen entsprechenden Doppeldecker entwarf.
Anmerkung: Louis Charles Joseph Blériot (* 1. Juli 1872 in Cambrai; † 2. August 1936 in Paris) war ein französischer Luftfahrtpionier. Mit der Blériot XI überquerte er am 25. Juli 1909 als erster Mensch den Ärmelkanal in einem Flugzeug. Sein Flug von Calais nach Dover dauerte 37 Minuten bei einer durchschnittlichen Flughöhe von 100 Metern. Ludwig Prandtl (* 4. Februar 1875 in Freising; † 15. August 1953 in Göttingen) war ein deutscher Ingenieur. Er lieferte bedeutende Beiträge zum grundlegenden Verständnis der Strömungsmechanik und entwickelte die Grenzschichttheorie. Alexander Martin Lippisch (* 2. November 1894 in München; † 11. Februar 1976 in Cedar Rapids, Iowa, USA) war ein in Deutschland und in den USA tätiger deutscher Flugzeugkonstrukteur. Er gilt international als „Vater" des Deltaflügels.
Tragflügel für Bumerangs in Boxwing-Konfiguration sind nicht Stand der Technik.

Stand der Wissenschaft. Der induzierte Widerstand.
Nach der Tragflügeltheorie hängt die Auftriebskraft einer umströmten Tragfläche alleine von der Zirkulation ab [Kutta-Jankowski]. Überlagern sich an einem Strömungskörper (bei einer zweidimensionalen Modellvorstellung in der Profilebene des Strömungskörpers) ein translatorisches und ein rotatorisches Strömungsfeld, kommt es infolge der Zirkulation um diesen Körper zu Verzögerung der Strömung auf der einen und zu einer Beschleunigung der Strömung auf der anderen Seite. Nach der Bernoullischen Gleichung führt die Beschleunigung zu einer Druckminderung, die Verzögerung zu einer Druckerhöhung, was im Falle eines Tragflügels als Auftriebs-kraft spürbar wird. Für einen angeströmten, endlichen Tragflügel ist die Auftriebskraft elliptisch über den Auftrieb erzeugenden Körper verteilt. Infolge des Druckgradienten kommt es am freien Ende jeder Tragfläche zu einer Umströmung der Tragflächen-kante. Im Nachlauf der Kantenumströmung bildet sich nun ein kompakter Wirbel aus, der als durch den Druckgradienten

induzierter Randwirbel in der Literatur beschrieben wird. Der induzierte Randwirbel bindet einen erheblichen Anteil der zur Erzeugung der Auftriebskräfte des Systems aufgebrachten Energie. Der Wirbelzopf im Nachlauf einer Auftrieb erzeugenden Tragfläche ist sehr stabil. In Strömungs-untersuchungen am Windkanal aber auch durch numerische Strömungssimulations-rechnungen kann das Umströmungsgebaren an den Enden Auftrieb erzeugender Strömungskörper sichtbar gemacht werden. Jeder durch das Auftriebsgebaren einer Tragflügelfläche induzierte Wirbelzopf ist idealer Weise hinsichtlich seiner Geschwindig-keitsverteilung in seinem Querschnitt kompakt und bildet ein graduelles rotatorisches Fernfeld aus. Bei Flugzeugtragflächen nach Stand der Technik in Boxwing-Konfiguration wird die Ausbildung eines induzierten Randwirbels weitestgehend unterdrückt. Damit sinkt auch der induzierte Widerstand der Tragfläche, was von wirtschaftlichem Interesse ist.

Problembeschreibung
Bei singulären Tragflächen von Rotationssegelapparaten und Bumerangs Stand der Technik führt der durch die Randumströmung induzierte Widerstand zu einer Verminderung der Flugleistung.

Problemlösung
Die Erfindung betrifft ferner die Lehre und das geometrische Prinzip einer fluidmechanisch wirksame Tragflügelanordnung in Boxwing-Konfiguration, insbesondere für Rotationssegel-apparate und Bumerangs. Durch die Anordnung fluidmechanisch wirksamer Tragflügel in der Konfiguration eines Boxwing werden stationäre und nichtstationäre Wirbelspuleneffekte unterdrückt. Das trägt zur Minderung des Gesamtwiderstands des Rotationssegelapparats bei. Die Erfindung betrifft des Weiteren die Lehre und das geometrische Prinzip einer fluidmechanisch wirksame Flügelanordnung mit drei Tragflächen.

Erreichbare Vorteile
Eine Widerstandsminderung einer fluidmechanisch wirksame Tragflügelanordnung für Rotationssegelapparate in Boxwing-Konfiguration ist energetisch vorteilhaft. Widerstand-sarmut an Strömungsbauteilen ist grundsätzlich von wirtschaftlicher Bedeutung. Die Kompatibilität der Montageweise mit namhaften Herstellern von Rotationssegelapparaten, insbesondere von Bumerangs ist von wirtschaftlichem Interesse.

Aufbau und Wirkungsweise
Doppeldecker-Tragflügelsystem FD1, Doppeldecker-Tragflügelsysteme FD2, Doppeldecker-Tragflügelsysteme FD3 und das Zentrales Gehäuse ZG bilden eine organisatorische und konstruktive Einheit. Der obere Flügel F1U und der untere Flügel F1L der des Doppeldecker-Tragflügelsystems FD1 bilden zusammen mit dem Randbogen BX1 des Tragflügelsystems FD1 in Boxwing-Konfiguration eine organisatorische und konstruktive Untereinheit. Der obere Flügel F2U und der untere Flügel F2L der des Doppeldecker-Tragflügelsystems FD2 bilden zusammen mit dem Randbogen BX2 des Tragflügelsystems FD2 in Boxwing-Konfi-guration eine organisatorische und konstruktive Untereinheit. Der obere Flügel F3U und der untere Flügel F3L der des Doppeldecker-Tragflügelsystems FD3 bilden zusammen

mit dem Randbogen BX13 des Tragflügelsystems FD3 in Boxwing-Konfiguration eine organisatorische und konstruktive Untereinheit. Die skizzenhafte Darstellung FIGUR 1 zeigt den grundsätz-lichen Aufbau des Rotationssegel-apparates.

Bezeichnungen von Funktionseinheiten und Bauteilen
FD1, FD2, FD3	Doppeldecker-Tragflügelsysteme
F1U, F2U, F3U	obere Flügel der Doppeldecker-Tragflügelsysteme FD1, FD2, FD3
F1L, F2L, F3L	untere Flügel der Doppeldecker-Tragflügelsysteme FD1, FD2, FD3
BX1	Randbogen des Tragflügelsystems FD1 in Boxwing-Konfiguration
BX2	Randbogen des Tragflügelsystems FD2 in Boxwing-Konfiguration
BX3	Randbogen des Tragflügelsystems FD3 in Boxwing-Konfiguration
ZG	Zentrales Gehäuse

Für das Doppeldecker-Tragflügelsystem FD1, das Doppeldecker-Tragflügelsystem FD2, das Doppeldecker-Tragflügelsystem FD3 und das Zentrales Gehäuse ZG kommen Kunststoffe oder Verbundmaterialien nach dem Stand der Technik zum Einsatz. Die Tragflügelsysteme können urformend nach Stand der Technik gefertigt werden.

Der Rotationssegelapparat kann als Sportgerät eingesetzt werden. Betriebs- und Flugweise des Rotationssegelapparats entsprechen denen eines traditionellen Bumerangs.

Bibliographie und Entgegenhaltungen

[Abbo-59]	Abbott, Ira H. von Doenhoff Albert E.; (1959) Theory of Wing Sections: Including a Summary of Airfoil Data. Dover Publications, New York
[Bos-27]	Bose, N., K., Prandtl, L. (1927). Beiträge zur Aerodynamik des Doppeldeckers. In: ZAMM, Bd. 7, 1927, Heft 1, S. 1 -9.
[Die13-8]	Dienst, Mi.(2013). Beitrag zur Phänomenologie der fluidmechanischen Wirbelspirale. GRIN-Verlag GmbH München
[Katz-01]	Katz, J. Plotkin, A. (2001) Low-Speed Aerodynamics (Cambridge Aerospace Series) Cambridge University Press; 2 edition
[Pra-19]	Prandtl, L. (1919) Merhdeckertheorie. In: Nachrichten der k. Ges. d. Wissenschaften zu Göttingen. 1919, S. 107-137.
[Schl-67]	Schlichting, H., Truckenbrot, E. (1967) Aerodynamik des Flugzeuges, Band 1, Springer Verlag Berlin, Heidelberg.

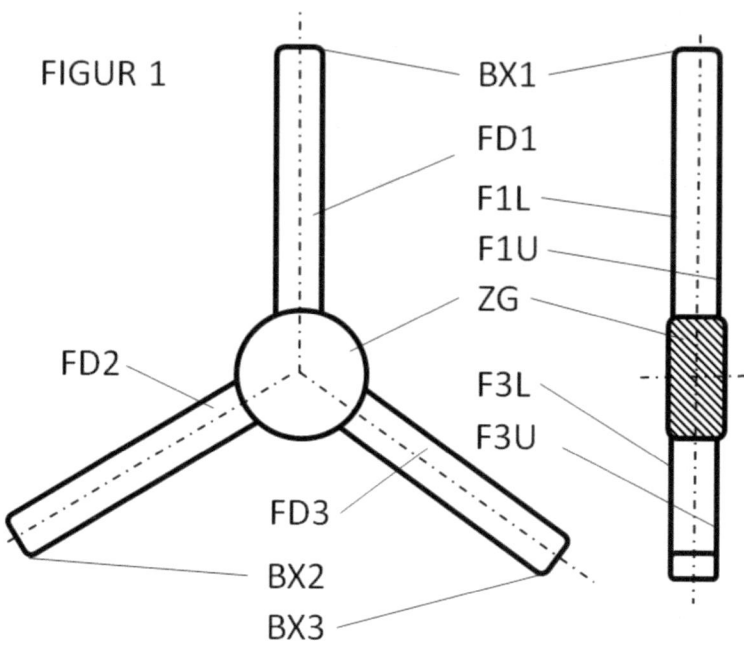

Ansprüche

(1) Rotationssegelapparat in der Art eines Bumerangs dadurch gekennzeichnet, dass drei Doppeldecker-Tragflügelsysteme und das Zentrales Gehäuse eine organisatorische und konstruktive Einheit bilden.

(2) Rotationssegelapparat nach Anspruch 1 dadurch gekennzeichnet, dass drei Doppeldecker-Tragflügelsysteme eine Tragflügelanordnung in Box-Wing-Konfiguration aufweisen.

BEI GRIN MACHT SICH IHR WISSEN BEZAHLT

- Wir veröffentlichen Ihre Hausarbeit, Bachelor- und Masterarbeit

- Ihr eigenes eBook und Buch - weltweit in allen wichtigen Shops

- Verdienen Sie an jedem Verkauf

Jetzt bei www.GRIN.com hochladen und kostenlos publizieren